# BEI GRIN MACHT SICH IHR WISSEN BEZAHLT

- Wir veröffentlichen Ihre Hausarbeit, Bachelor- und Masterarbeit

- Ihr eigenes eBook und Buch - weltweit in allen wichtigen Shops

- Verdienen Sie an jedem Verkauf

## Jetzt bei www.GRIN.com hochladen und kostenlos publizieren

**Bibliografische Information der Deutschen Nationalbibliothek:**

Die Deutsche Bibliothek verzeichnet diese Publikation in der Deutschen National-
bibliografie; detaillierte bibliografische Daten sind im Internet über http://dnb.d-
nb.de/ abrufbar.



**Impressum:**

Copyright © 2018 GRIN Verlag
Druck und Bindung: Books on Demand GmbH, Norderstedt Germany
ISBN: 9783668725287

Michael Dienst

# Ein den fluidmechanischen Wirbelspuleneffekt nutzendes Flugaggregat

## Transactions in Suffering Innovations T26 SI770

GRIN Verlag

# „Transactions in suffering Innovations"

**Ideen verbrennen im Park**

Der Wedding ist heute wunderschön
und ich fühl` mich seltsam stark.
Was hält mich da noch im Labor?
Wir gehen zum Led Zeppelin,
der gefällt mir mehr als je zuvor,
bei ungefähr tausend Kelvin.
Komm, lass uns Patente verbrennen im Park.

Mi. Berlin 2016

Den Ausführungen sei ein Traktat vorangestellt. Die Textbeiträge zum Stand der Technik und den „Transactions in Suffering Innovations" besitzen ein dynamisches Format und sind, beginnend im November 2016, in folgender Weise geordnet und Überschrieben:

| | |
|---|---|
| **Titel:** | Artefakt |
| **Untertitel:** | Transactions in Suffering Innovations T[NUMMER]SI[Mi-KENNUNG] |
| **Datum:** | Freigabe |
| **Prolog** | [Kontext] |
| **Kerntext** | [Technische Beschreibung] |
| **Epilog** | [Hintergründe und Dialoge] |

# Traktat

## über die Beiträge zum Stand der Technik und zu den „Transactions in Suffering Innovations"

Die „Transactions in Suffering Innovations" bilden eine Sammlung von Schriften über Artefakte im Themenfeld Biologie & Technik, die in loser Reihenfolge erscheint. Es besteht durchaus die Absicht, den Stand der Technik zu verändern.

Gegenstand der Beiträge zu den Schriften der „Transactions in Suffering Innovations" sind Artefakte, Problemlösungen, Gestaltungsfragen und die kritische Auseinandersetzung mit Themen der Bionik, also Technik nach Vorbildern aus der belebten und unbelebten Natur und ihre Umsetzung. In ausgesuchten Fällen sind Technische Beschreibungen nach Standards des Deutschen Patent und Markenrechts[1] verfasst.

Mit den „Transactions in Suffering Innovations" soll der Fortschritt auf dem Gebiet der angewandten Bionik dadurch gefördert werden, dass die dargestellten notleidenden Artefakte, Problem- und Gestaltungslösungen frei von Rechten Dritter sind und mit ausdrücklicher Genehmigung dem Leser zur Nutzung verfügbar werden.

In den „Transactions in Suffering Innovations" werden ausschließlich Artefakte offeriert, die nicht unter das Arbeitnehmererfindungsgesetzes ArbErfG[2] fallen oder in der Vergangenheit fielen.

Die in den „Transactions in Suffering Innovations" dargestellten Artefakte sind insofern notleidend, da sie einerseits aus materieller Not nicht weiterverfolgt werden, ein Umstand der sich vielleicht wieder ändern mag. Andererseits sind die dargestellten Artefakte notleidend, weil sie möglichweise auftretender oder voranschreitenden geistigen Umnachtung zum Opfer zu fallen drohen; ein Umstand der sich wohl nicht mehr ändern wird.

Als Übergeordneter Absicht gilt es solche Forschung anzustoßen, die Lösungswege der Übertragung biologischer Phänomene untersucht und Fragestellungen betrifft, die im Zusammenhang stehen mit Natur und Technik.

Die Beiträge zum Stand der Technik und den „Transactions in Suffering Innovations" sind in deutscher Sprache verfasst. Dem Text wird gegebenenfalls eine teilweise oder vollständige Übersetzung in englischer Sprache beigestellt. In einer Ausgabe der Schriftensammlung wird jeweils nur ein Werk platziert. Den Ausführungen wird gegebenenfalls ein Prolog vor und ein Epilog nachgestellt.

Mi. Dienst

---

[1] https://www.dpma.de/patent/anmeldung/index.html
[2] Am 7. Februar 2002 trat die Novellierung des Arbeitnehmererfindungsgesetzes ArbErfG in Kraft.

**Titel:**      Ein den fluidmechanischen Wirbelspuleneffekt nutzendes Flugaggregat

**Untertitel:**   Transactions in Suffering Innovations T26 SI770
11. Juni 2018

## Technische Beschreibung

## Ein den fluidmechanischen Wirbelspuleneffekt nutzendes Flugaggregat

Die Erfindung betrifft ein Flugaggregat in Dreideckerkonfiguration das in seiner Betriebs-weise einem Arbeitsflugdrachen (im engl. „Power Kite") vom Stand der Technik entspricht, welcher als Antrieb für Seefahrzeuge genutzt wird. Arbeitsflugdrachen sind hierfür mit einer Fesselung zum Seefahrzeug verbunden, die nicht Gegenstand der Erfindung ist. Das Trag-flächensystem des Flugaggregates nutzt erfindungsgemäß den so genannten fluidmecha-nischen Wirbelspuleneffekt. Das Phänomen fluidmechanischer Wirbelspulen taucht bei fluidmechanisch wirksamen, Auftrieb erzeugenden Tragflügelsystemen auf, deren Tragflügel in geeigneter Weise angeordnet sind. Geeignet sind Mehrdeckerkonfigurationen, respektive Doppeldeckerkonfigurationen und Dreideckerkonfigurationen. Das Flugaggregat in Dreidek-kerkonfiguration besitzt einen zuschaltbaren elektrischen Hilfsantrieb zum Manövrieren, Starten und Landen bzw. Wassern.
Der fluidmechanische Wirbelspuleneffekt bewirkt den Rückgewinn eines Teils, der zur Auftriebserzeugung eines Flugsystems aufgebrachten Energie. Die vom Flugaggregat in Dreideckerkonfiguration erzeugte Querkraft wird für die Fortbewegung des Seefahrzeugs genutzt. Generell sind Arbeitsflugdrachen (als Antrieb für Seefahrzeuge) geeignet, im Zusammenwirken mit einer elektronischen Steuerung vom Stand der Technik, autonom in der bodennahen Luftschicht zu agieren und die dort (über der Wasseroberfläche) herrschen Scherwinde zur Querkrafterzeugung zu nutzen. Die Steuerung von Arbeitsflugdrachen ist nicht Gegenstand der Erfindung.


### Stand der Technik, Arbeitsflugdrachen.
Das Funktionsprinzip, Seefahrzeuge von Flugdrachen ziehen zu lassen war bereits zur Zeit des legendären chinesischen Seefahrers Cheng Ho (Zhèng Hé *1371 in Kunming / Provinz Yunnan; † 1433) als Vortriebsmethode bekannt. Moderne Arbeitsflugdrachen vom Stand der Technik greifen das Funktionsprinzip des asiatischen Zugdrachens auf und kombinieren es mit einem dynamischen Flugstil moderner Lenkdrachen aus dem Spiel-, Freizeit- und Sportbereich. Die Tragfläche von Arbeitsflugdrachen vom Stand der Technik ist in der Regel nach der Art eines Gleitschirms konstruiert und aus hochfesten und witterungsbeständigen Textilien gefertigt. Arbeitsflugdrachen erzielen ihre Zugkraft (gestalterisch) durch die Tragflächenform und (betriebstechnisch) durch eine Flugbahn in großen Achten. Durch den dynamischen Flug entstehen hohe Anströmgeschwindigkeiten und hohe wirksame Querkräfte (Vortriebskräfte) am Tragflügel. Durch den Flugstil in Achten erzeugt der Drachen einen bis zu dreimal größeren Vortrieb als ein herkömmliches Schiffssegel in vergleichbarer Größe. Die Zugkräfte werden über ein Zugseil zum Schiff übertragen. Arbeitsflugdrachen vom Stand der Technik werden mit einem vollautomatischen Steuerungssystem betrieben, das  mit dem Autopiloten eines Flugzeugs vergleichbar ist. Für Arbeitsflugdrachen vom Stand der Technik beträgt

verfahrensbedingt die optimale Betriebshöhe zwischen 100 und 300 Metern. Die Zugkraft (axial in Richtung der Schiffsbewegung) beträgt bei kommerziellen Systemen von Stand der Technik bei einer Drachengröße von 40m$^2$ etwa 18 kN (SKS Y 20) bei einer Drachengröße von 160m$^2$ etwa 112 kN (SKS Y 160), was einem Hauptmaschinenäquivalent von 100 kW bzw. 1000 kW entspricht (Herstellerangaben: SkySails).

**Stand der Technik. Tragflächen in Mehrdeckerkonfiguration.**
Berechnungen vom Stand der Wissenschaft zeigen, dass Arbeitstragflügel in Doppel-Drei- oder Mehrdecker-Tragflächenkonfiguration gleicher Fläche und spezifischer Tragflächen-belastung auf betragsmäßig gleiche Auftriebs- und Widerstandskräfte führen, sofern nicht die durch das Auftriebsgebaren induzierten Widerstande der Tragfläche betrachtet werden. Hier sind die Schlankheitsgrade der Teiltragflächen von großem Einfluss und können glückliche Konfigurationen oder ungünstige Verhältnisse annehmen und bedeuten ein mehr an Verzehr der in das Tragflächensystem eingespeisten Antriebsleistung je nachdem, wie der Mehrdeckerflügel konfiguriert ist. Der Energieverlust durch Randwirbel wird als (induzierter) Widerstand am (Auftriebs- oder Querkraft-) Tragflächensystem wirksam. Die Kontrolle der durch das Auftriebsgebaren einer (oder mehrerer) Kraft- und Arbeitstragflächen induzierten Verluste ist Gegenstand rezenter Forschung.

**Stand der Wissenschaft, Windscherung.**
Die Geschwindigkeit der Luftströmung über einer ebenen Land- oder einer Wasseroberfläche besitzt einen Gradienten. Dieses Windscherung (vertikale Windzunahme an der Meeresoberfläche) genannte Strömungsphänomen ist in einer Schicht bis etwa 30 Meter über der (Wasser-) Oberfläche wirksam. Wandernde Seevögel nutzen die Windscherung um aus der Strömung Energie zu entkoppeln und derart stundenlang ohne Flügelschlag zu fliegen. Albatrosse beispielsweise legen mit einem „Gradientenflug" genannten Flugstil hunderte von Kilometer zurück. Beim Gradientenflug ist die mittlere Anströmge-schwindigkeit des (biologischen) Flugsystems etwa konstant: nahe des Bodens, hier ist die Strömungs-geschwindigkeit der Luft gering, ist die Bewegungsgeschwindigkeit des Vogels groß und damit seine kinetische Energie hoch. In, der für diesen Flugstil maximalen Höhe, ist die Bewegungsgeschwindigkeit des Vogels eher gering, die Strömungsgeschwindigkeit der Luft aber maximal; die potentielle Energie des Systems ist hoch. Ein nun ansetzender Sinkflug arbeitet dieses Energiepotential ab und setzt es in Flugstrecke um. Bewegungsge-schwindigkeit des Vogels steigt bist zum Scheitelpunkt, nahe der Wasseroberfläche wieder an, und der Zyklus beginnt von vorn. Auf diese Weise legt das Tier große Distanzen ohne einen Flügelschlag zurück. Der biologische Gradientenflug ist Gegenstand rezenter Forschung.

**Stand der Wissenschaft, Wirbelspulenphänomenologie.** Nach der Tragflügeltheorie hängt die Auftriebskraft einer umströmten Tragfläche alleine von der Zirkulation ab [Kutta-Jankowski]. Überlagern sich an einem Strömungskörper (bei einer zweidimensionalen Modellvorstellung in der Profilebene des Strömungskörpers) ein translatorisches und ein rotatorisches Strömungsfeld, kommt es infolge der Zirkulation um diesen Körper zu Verzögerung der Strömung auf der einen und zu einer Beschleunigung der Strömung auf der anderen Seite. Nach der Bernoullischen Gleichung führt die Beschleunigung zu einer Druckminderung, die Verzögerung zu einer Druckerhöhung, was im Falle eines Tragflügels als Auftriebskraft spürbar wird. Für einen angeströmten, endlichen Tragflügel ist die Auftriebskraft elliptisch über den Auftrieb erzeugenden Körper verteilt. Infolge des Druckgradienten kommt es am materiellen Ende der Tragfläche zu einer Umströmung der Tragflächenkante. Im Nachlauf der Kantenumströmung bildet sich nun ein kompakter Wirbel aus, der als durch den Druckgradienten induzierter Randwirbel in der Literatur beschrieben wird. Der induzierte Randwirbel bindet einen erheblichen Anteil der zur Erzeugung der Auftriebkräfte des Systems aufgebrachten Energie. Der Wirbelzopf im Nachlauf einer Auftrieb erzeugenden Tragfläche ist sehr stabil. In Strömungsuntersuchungen am Windkanal aber auch durch numerische Strömungssimulationsrechnungen kann das Umströmungs-gebaren an den Enden Auftrieb erzeugender Strömungskörper sichtbar gemacht werden. Jeder durch das Auftriebsgebaren einer Tragflügelfläche induzierter Wirbelzopf ist idealer weise hinsichtlich seiner Geschwindigkeitsverteilung in seinem Querschnitt kompakt und bildet ein graduelles rotatorisches Fernfeld aus. Existieren zwei oder mehr kompakte Wirbelzöpfe gleicher Drehrichtung und ähnlicher, in einem günstigen Fall, gleicher Intensität, beginnen die Wirbelzöpfe im Nachlauf ihres Entstehungsortes um ein gemeinsames Zentrum zu rotieren. Ein schraubenartiges Wirbelspulengebilde entsteht. Während die Wirbelzöpfe auf dem Mantel der Wirbelspule stromabwärts um eine gemeinsame zentrale Achse rotieren bildet sich innerhalb der Wirbelspule entlang des zentralen (gedachten) Stromfadens eine beschleunigte Strömung aus, die nach außen durch den Wirbelmantel begrenzt und geführt wird und in ihrem inneren Strömungsprofil rotorfrei ist. Dieses als „Wirbelspuleneffekt" bezeichnete Phänomen wurde in den 70er und 80er Jahren des vergangenen Jahrhunderts durch messtechnische Untersuchungen belegt, eine Theorie der Wirbelspule entwickelt und von Ingo Rechenberg in Berlin eine Windkraftanlage patentiert [Rech-85] [Rech-85] [www-11] [www-12] [www-13]. Die Beschleunigung der Strömung innerhalb der Wirbelspule ist intensiv; die Geschwindigkeiten können gegenüber der den Wirbelspuleneffekt hervorrufenden Flügelumströmung mehr als den dreifachen Wert annehmen. Aus Windkanalmessungen ist bekannt, dass zu einer den Auftrieb generierende Tragflächen der kumulierten Tragflügeltiefe t erzeugte Wirbelspule stromabwärts eine Länge von L>10t hinweg stabil existiert und über die gesamte Distanz einen rotorfreien Strömungs-Jet produziert. Das Geschwindigkeitsniveau der Innenströmung kann derart ansteigen, dass aufgrund der Druckabnahme im Jet (Bernoulli-Gleichung, Kontinuität) die umhüllende Mantelströmung implodieren kann und die den Effekt tragende Wirbelspule ihre schrauben-förmige Struktur verliert und letztlich zerstört wird.


**Stand der Wissenschaft. Biologie und Technik.**
Landsegelnde Vögel mit ihren kastenförmigen und an den Flügelenden mit Gefiederfinger ausgestatteten Tragflächen nutzen den Wirbelspuleneffekt [Nach-02]. Der durch die Wirbelspule erzeugte Strömungsjet spielt zu einem gewissen Maße die zur Generierung von Auftrieb eingesetzte Energie des Landseglers wieder

ein. Das Auftriebsgebaren großer landsegelnder Vögel wurde in den 70er Jahren untersucht und der Wirbelspuleneffekt postuliert, bevor er in den 80er Jahren durch Experimente an biologischen Flügeln und an technischen Auftrieb generierenden Tragflächen nachgewiesen wurde. Auch Seevögel mit ihren schlanken Flügeln besitzen aufgefingerte Tragflächenenden, wenn auch weniger ausgeprägt. Ein den induzierten Widerstand mindernder Effekt wird hier dadurch erzielt, dass die Geometrie des Auftrieb bedingten (induzierten) Randwirbels deformiert und in seiner Kompaktheit geschwächt wird. In ihrer technischen Ausführung werden diese den Widerstand mindernden (singulären) Anflügel "Winglets" genannt und sind Stand der Technik.


**Problembeschreibung**

Arbeitsflugdrachen vom Stand der Technik, die als Antrieb für Seefahrzeuge genutzt werden sind in der Regel nach der Art eines Gleitschirms konstruiert und aus hochfesten und witterungsbeständigen Textilien gefertigt. Der Arbeitsflugdrachen ist deshalb leicht. Die fluiddynamischen Eigenschaften derart aus Textilien gefertigter Arbeitsflugdrachen liegen deutlich unter denen rigider Tragflügelsysteme. Bei gleicher Fläche des Tragflügelsystems leistet ein rigider Tragflügel die doppelte Schubkraft. Fluidmechanische Wirbelspuleneffekte sind mit einem Gleitschirm nicht nutzbar.


**Problemlösung**

Die Erfindung betrifft die Lehre und das geometrische Prinzip über ein Flugaggregat mit einer fluidmechanisch wirksamen Tragflügelanordnung in Dreideckerkonfiguration. Durch die Anordnung fluidmechanisch wirksamer Tragflügel in der Konfiguration eines Dreideckers können stationäre und nichtstationäre Wirbelspuleneffekte im Betrieb genutzt werden. Dies trägt zur Wirtschaftlichkeit des Gesamtsystems bei.

Das Flugaggregat entspricht in seiner Betriebsweise einem Arbeitsflugdrachen vom Stand der Technik entspricht, welcher als Antrieb für Seefahrzeuge genutzt wird.

Das Flugaggregat ist geeignet, im Zusammenwirken mit einer elektronischen Steuerung vom Stand der Technik, autonom in der bodennahen Luftschicht zu agieren und die dort (über der Wasseroberfläche) herrschen Scherwinde zur Querkrafterzeugung zu nutzen. Die Steuerung von Arbeitsflugdrachen ist nicht Gegenstand der Erfindung.


**Erreichbare Vorteile**

Mit einer Anordnung der fluidmechanisch wirksamen Tragflügel in Dreideckerkonfiguration wird erreicht, dass aufgrund des fluidmechanischen Wirbelspuleneffekts ein Rückgewinn eines Teils, der zur Auftriebserzeugung eines Flugsystems aufgebrachten Energie erfolgt. Gegenüber einem Einzeltragflügel ist das energetisch und wirtschaftlich vorteilhaft.

**Aufbau, Wirkungsweise**

Der Rumpf R das obere Leitwerk LU, das untere Leitwerk nebst Ruderklappe RK die obere Tragfläche FU, die mittlere Tragfläche FM und die untere Tragfläche FL bilden eine Organisatorische und konstruktive Einheit.

Der Rumpf des Flugaggregats R nimmt die gesamte erforderliche Steuerungselektronik von Stand der Technik, die Energieversorgung und die Motoreinheit M auf. Die Anordnung der Bauelemente des Flugaggregats ist in der schematischen Skizze Figur 1 als Seitenansicht, in der schematischen Skizze Figur 2 als Fronttalansicht und schematisch im Betrieb in Figur 3 dargestellt.

Bezeichnungen der Gestaltungselemente in den schematischen Skizzen
R         Rumpf des Flugaggregats
FU        oberer Tragflügel
FM        mittlerer Tragflügel
FL        unterer Tragflügel
LU        oberes Leitwerk
MO        Motoreinheit des Flugaggregats
LL        unteres Leitwerk
K         Ruderklappe

Bezeichnungen von schematischen Punkten und Linien in den Skizzen
FX        Fixation der Steuerleinen
WK        Wirbelkeim (Ort des ~)
SL        Steuerleine (schematisch)

Die Steuerleinen fixieren an den Punkten FX und sind in der schematischen Skizze 3 lediglich angedeutet. Die Punkte WK markieren die Entstehungsorte der Wirbelkeime der fluidmechanischen Wirbelspule.


**Physikalische Wirkungsweise**

Wie in der Recherche zur physikalischen Wirksamkeit in den Ausführungen zum Stand der Technik beschrieben, kommt es infolge der speziellen und der Erfindung gemäßen Geometrie der Tragflügel in Dreideckerkonfiguration auf beiden Seiten der Tragfläche zur Ausbildung von drei in gleicher Rotationsrichtung drehenden induzierten Randwirbeln. Diese wiederum bilden im Nachlauf der Strömung eine fluiddynamisch wirksame Wirbelspule, die ihrerseits einen rotationsfreien Jet erzeugt, wie oben beschrieben.

Der fluidmechanische Wirbelspuleneffekt bewirkt den Rückgewinn eines Teils, der zur Auftriebserzeugung eines Flugsystems aufgebrachten Energie, wie oben beschrieben.

Die vom Flugaggregat erzeugte Querkraft wird für die Fortbewegung des Seefahrzeugs genutzt.

Die Betriebsweise des Flugaggregats ist die eines Arbeitsflugdrachen (Power Kite) vom Stand der Technik, der als Antrieb für Seefahrzeuge genutzt wird.

Das Flugaggregat in Dreideckerkonfiguration besitzt einen zuschaltbaren elektrischen Hilfsantrieb M zum Starten und Landen bzw. Wassern. Die

Stromversorgung des Motors, der in erster Linie dem Starten dient, kann mit Akkumulatoren oder aufladbaren Kondensatoren vom Stand der Technik erfolgen

Mit der Ruderklappe K kann das Flugaggregat nach Art und Weise der Technik manövriert werden. Erfindungsgemäß ist die Ruderklappe so angeordnet, dass sie (fluidmechanisch) nicht oder nur wenig in das energetische geschehen der induzierten Wirbelspule eingreift.

Die Steuerung von Arbeitsflugdrachen ist nicht Gegenstand der Erfindung.

**Weiterführende Literatur und Quellenhinweise**

[Nach-02]   Werner Nachtigall (2002) Bionik. Grundlagen und Beispiele für Ingenieure und                 Naturwissenschaftler. Springer Berlin Heidelberg New York ISBN 3-540-43660

[Rech-73]   Rechenberg,-I.: Evolutionsstrategie. Stuttgart-Bad Cannstatt: Friedrich Frommann Verlag 1973.

[Rech-85]   DE3330899 (A1) 1985-03-14. Arrangement for increasing the speed of a gas or liquid flow.

[www-11]   http://www.bionik.tu-berlin.de/institut/s2foshow/show.php?show=BerwSpul (Aufruf 01072013)

[www-12]   http://www.bionik.tu-berlin.de/institut/xs2foshow/list.html (Aufruf 01042018)

[www-13]   http://www.bionik.tu-berlin.de/ (Aufruf 01042018)

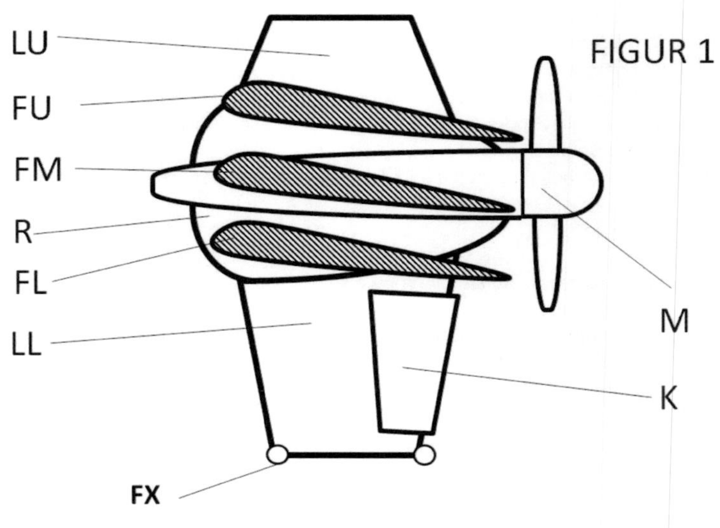
LU
FU
FM
R
FL
LL
FX
FIGUR 1
M
K

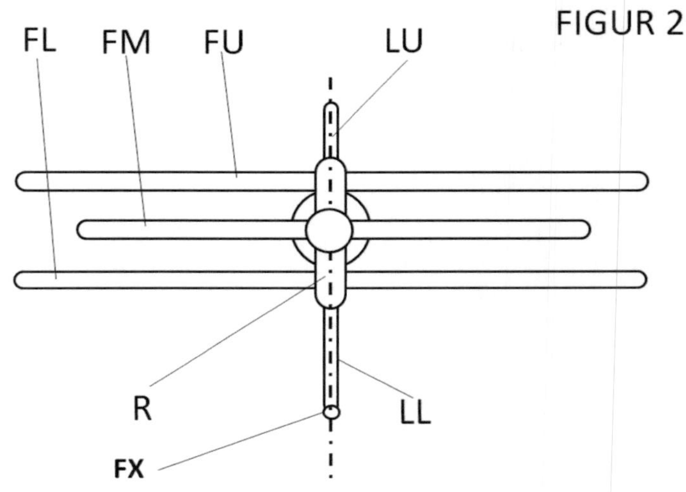
FIGUR 2
FL
FM
FU
LU
R
FX
LL

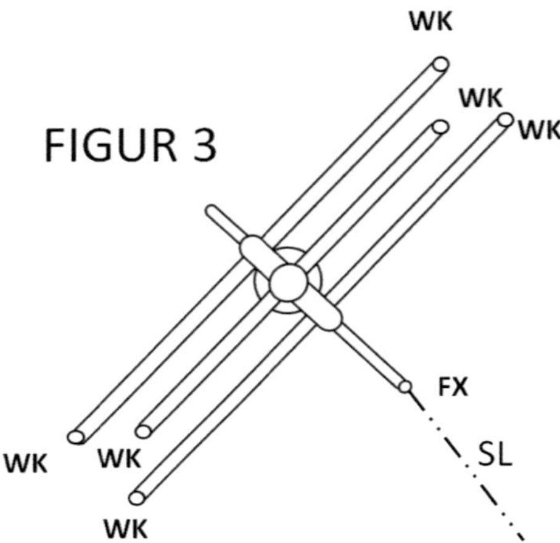


**Ansprüche**

1. Wirbelspuleneffekt nutzendes Flugaggregat das in seiner Betriebsweise einem Arbeitsflugdrachen vom Stand der Technik entspricht, welcher als Antrieb für Seefahrzeuge genutzt wird, dadurch gekennzeichnet,

   dass die Tragflügel in Dreideckerkonfiguration ausgeführt sind

2. Wirbelspuleneffekt nutzendes Flugaggregat nach Anspruch 1 dadurch gekenn-zeichnet,

   dass die Tragflächen rigide ausgeführt sind.

3. Wirbelspuleneffekt nutzendes Flugaggregat nach Anspruch 1 dadurch gekenn-zeichnet,

dass das Flugsystem einen zuschaltbaren elektrischen Hilfsantrieb zum Manövrieren, Starten und Landen bzw. Wassern besitzt.



# Kein Epilog